Parvez Ali
Jyotsna Meshram
Naziyanaz Pathan

Manual de Laboratório de Química Geral

Parvez Ali
Jyotsna Meshram
Naziyanaz Pathan

Manual de Laboratório de Química Geral

ScienciaScripts

Imprint

Cover image: www.ingimage.com

This book is a translation from the original published under ISBN 978-3-8433-8022-5.

Publisher:
Sciencia Scripts
is a trademark of
Dodo Books Indian Ocean Ltd. and OmniScriptum S.R.L publishing group

120 High Road, East Finchley, London, N2 9ED, United Kingdom
Str. Armeneasca 28/1, office 1, Chisinau MD-2012, Republic of Moldova, Europe
Printed at: see last page
ISBN: 978-620-7-77163-9

PREFÁCIO

Bem-vindo a uma nova e fácil forma de fazer laboratório de química! Ao escrever este manual, concentrámo-nos em desenvolver experiências altamente legíveis que lhe proporcionarão uma experiência de aprendizagem bem sucedida. O nosso método de desenvolvimento de laboratórios começa com uma breve informação sobre regras de segurança, sinais de segurança e equipamento de segurança. A partir daí, são desenvolvidos objectivos que são incluídos no início de cada laboratório e que servem de ponto de referência para todos os aspectos de uma determinada experiência.

Cada experiência contém as secções descritas abaixo.

- **Título:** O título inclui informações sobre a química envolvida, bem como o contexto da experiência.
- **Objectivos:** Os objectivos são breves declarações em que definem as metas para o laboratório. Os objectivos devem responder às perguntas: "O que é que o aluno vai saber depois de completar a experiência?" e "O que é que o aluno vai ser capaz de fazer depois de completar a experiência?"
- **Introdução:** A introdução consiste num exemplo prático ou interessante que serve de contexto para a experiência laboratorial. Esta breve chamada de atenção tem como objetivo fazer com que o aluno tenha vontade de aprender sobre o material e de realizar a experiência.
- **Aparelhos e produtos químicos:** Fornece informações sobre a lista de materiais (produtos químicos, vidraria e instrumentos) necessários para a experiência.
- **Procedimento:** Os pormenores do procedimento dependem, em certa medida, dos objectivos da experiência. Os procedimentos delineados são claros e directos e os alunos devem segui-los para obterem os resultados desejados.
- **Trabalho pós-laboratorial:** O trabalho pós-laboratorial é a nossa oportunidade de nos certificarmos de que os objectivos da experiência foram alcançados. O trabalho pós-laboratorial adequado envolve responder a trabalhos escritos.

ÍNDICE DE CONTEÚDOS:

CAPÍTULO 1

Sessão de laboratório 1
Introdução ao laboratório de química

Secção A: Regras de segurança, sinais e equipamentos.

Safety Rules
• **You must** wear a lab coat at all times in the laboratory.
• Your lab coat **must be** buttoned up.
• **You must** wear shoes in the laboratory–Sandals are **not** allowed.
• **Do not** bring materials other than those required for practical.
• **Do not** eat, drink, and chew gum or smoke in the laboratory.
• **Do not** touch any equipment until you are told to.
• **Do not** work in the laboratory if the teacher is not there.
• Work **carefully** and **Clear up** after you have finished working.
• **Do not** play and run around in the laboratory.
• **Make sure** you know the safety signs.
• **Treat** all reagent bottles as dangerous.
• Tell the teacher if **anything is broken, damaged or spilled**.
• If there is **an accident**, do as the teacher tells you to do.
• **Use** the safety glasses and gloves in the lab when you are told.
• **Do not** take any lab equipment or material out of the lab.

SAFETY SIGNS

To work safely in the lab, you should know the following safety signs.

<table>
<tr>
<td>
</td>
<td>
</td>
<td></td>
</tr>
<tr><td>EXPLOSIVE</td><td>HIGH VOLTAGE</td><td>TOXIC</td></tr>
<tr>
<td></td>
<td></td>
<td></td>
</tr>
<tr><td>CORROSIVE</td><td>BIOHAZARD</td><td>FLAMMABLE</td></tr>
<tr>
<td></td>
<td></td>
<td></td>
</tr>
<tr><td>OXIDIZING</td><td>HARMFUL</td><td>RADIATION</td></tr>
</table>

SAFETY EQUIPMENTS

To work safely, you should know the following safety equipments.

SAFETY GLASSES

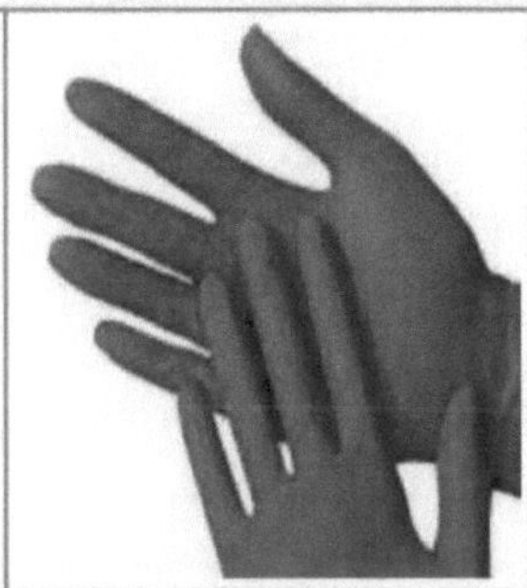

SAFETY GLOVES

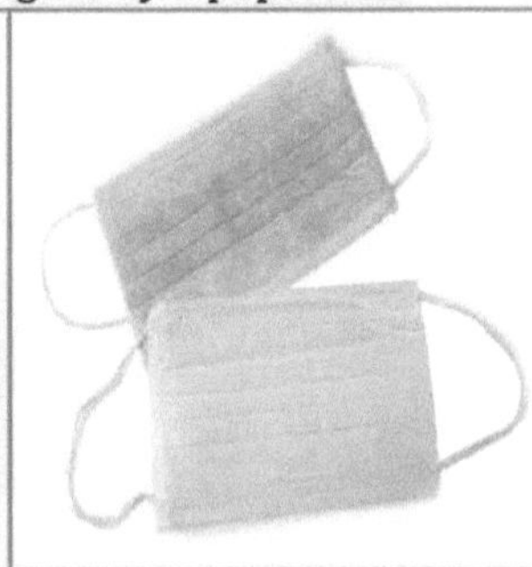

SAFETY MASK

SAFETY SHOWER

EYE WASH SHOWER

FIRE BUCKET

FIRE EXTINGUISHER

SAFETY BLANKET

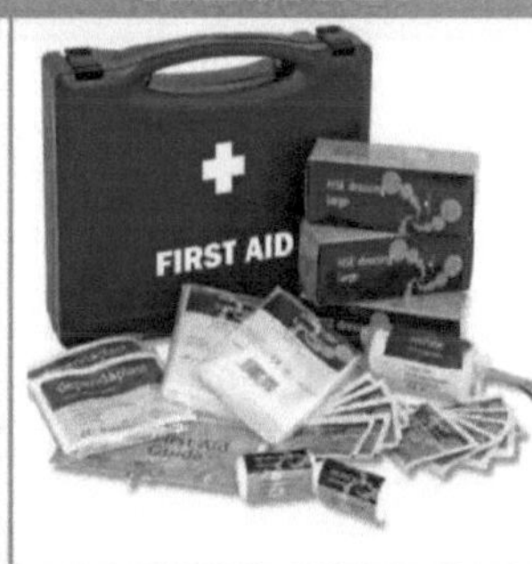

FIRST AID BOX

Secção B: Introdução e ilustrações de equipamentos e técnicas de laboratório

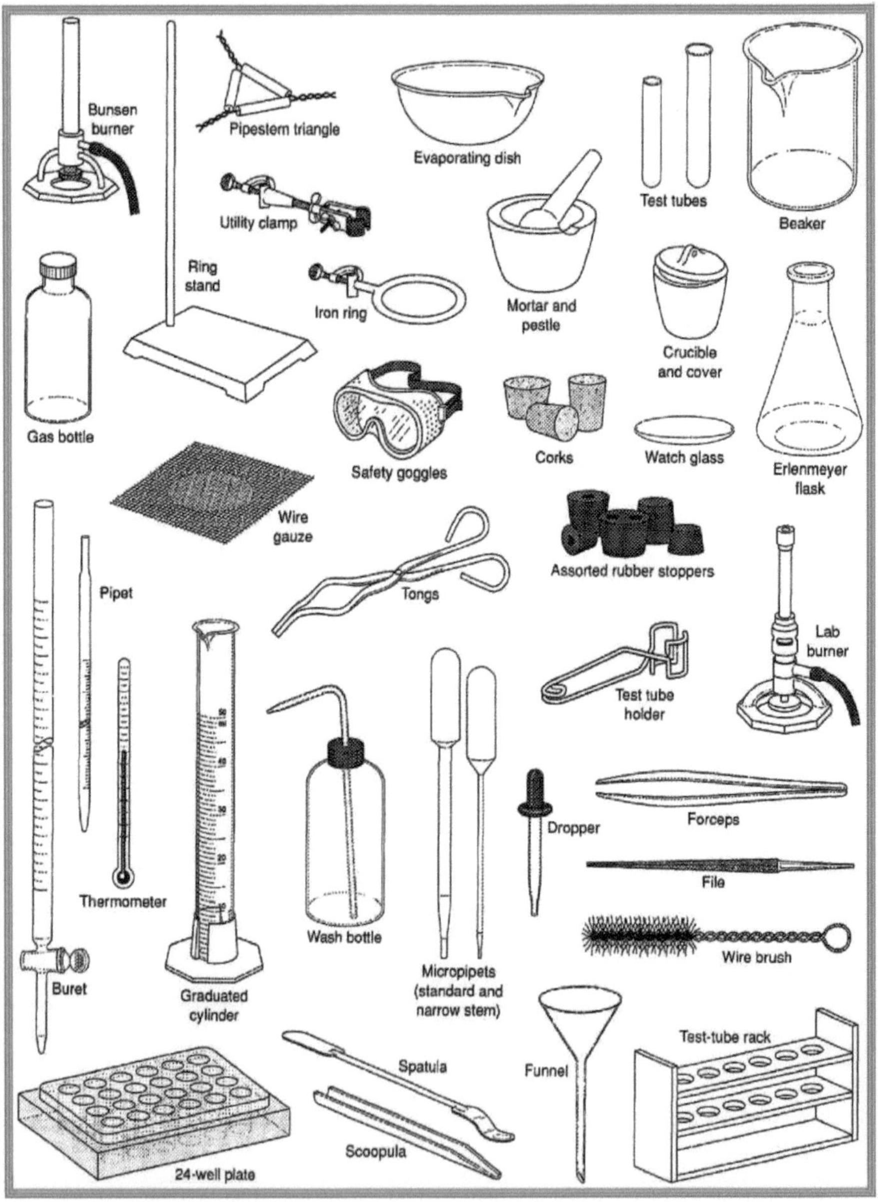

Secção C: Redigir um relatório de laboratório

Quando se redige um relatório laboratorial normalizado, este deve incluir os seguintes elementos:

1. **Introdução:** Deve incluir o plano experimental e os cálculos. Deve indicar o objetivo da experiência e fornecer quaisquer antecedentes e/ou teorias importantes.
2. **Observações:** Quaisquer observações significativas feitas durante a experiência. Devem ser registadas todas as observações que possam ser úteis a um experimentador se a experiência for repetida. Estas devem incluir as quantidades de solventes, os tempos de reação, as temperaturas, as pressões, as alterações químicas, etc., e uma descrição de quaisquer dificuldades encontradas durante a experiência.
3. **Cálculos:** Cálculos de rendimento e estequiométricos e quaisquer outros cálculos baseados em dados brutos.
4. **Resultados:** Uma lista, gráfico, tabulação ou descrição verbal dos resultados significativos da experiência.
5. **Discussão:** Uma discussão dos resultados experimentais significativos que tenta explicar e interpretar esses resultados. A discussão deve descrever possíveis fontes de erro ou perdas de material, comparar os resultados numéricos obtidos com os esperados da teoria, ou discutir o significado teórico dos resultados. Deve incluir: Análise: uma explicação do que pode ser entendido a partir dos resultados Interpretação: deduções lógicas a partir da análise, com explicações de problemas e resultados inexplicados.
6. **Conclusão:** Quaisquer conclusões a tirar como resultado da realização da experiência, tal como sugerido pelos objectivos da mesma. Deve indicar o que se sabe como resultado da experiência e justificá-lo.

CAPÍTULO 2

SESSÃO DE LABORATÓRIO 2
DETERMINAÇÃO DO PONTO DE FUSÃO DE UM COMPOSTO ORGÂNICO

OBJECTIVOS DA EXPERIÊNCIA

Após a conclusão desta experiência, os alunos serão capazes de

1. Compreender a definição de temperatura e calor.
2. Compreender as diferentes escalas de temperatura.
3. Efetuar a interconversão das unidades de temperatura.
4. Conhecer a importância do ponto de fusão.

INTRODUÇÃO

O ponto de fusão de um composto puro é uma propriedade intensiva, tal como a densidade e o ponto de ebulição, que são independentes da quantidade da substância presente.

O ponto de fusão de um composto é a temperatura à qual este passa de sólido a líquido. O ponto de fusão de uma substância é importante porque:

1. O ponto de fusão indica o nível de pureza de uma amostra. Um composto impuro funde numa gama mais ampla de temperaturas, normalmente superior ou inferior a alguns graus.
2. O ponto de fusão ajuda a identificar amostras desconhecidas. Se alguém tiver de analisar substâncias sólidas desconhecidas, determinará primeiro os pontos de fusão.

A temperatura é uma medida do grau de calor de um corpo. Tecnicamente, é a energia cinética média de um corpo e é dada por:

K.E $= \frac{1}{2} mv^2$, onde, (m) é a massa do corpo e (v) é a sua velocidade.

A temperatura é medida utilizando diferentes escalas, por exemplo

a. Celsius,
b. Fahrenheit and
c. Kelvin.

A conversão da temperatura em Celsius e Fahrenheit é efectuada através da seguinte equação.

$$°F = 1,8 \times °C + 32$$

Existe uma relação entre a escala Celsius e a escala Kelvin, ou seja

$$K = °C + 273$$

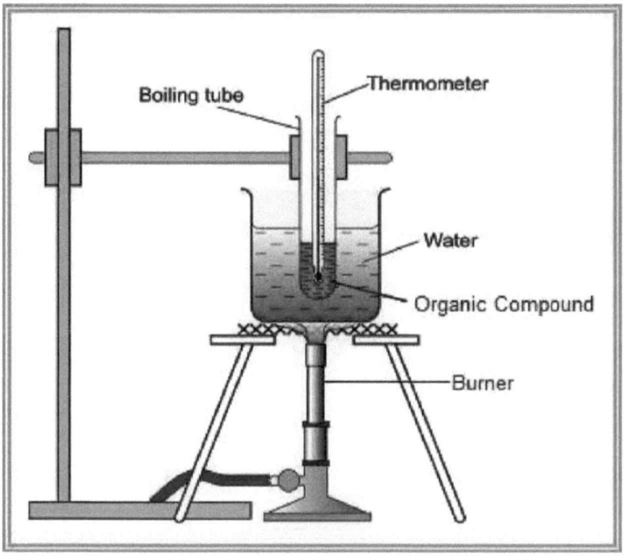

Figura: Montagem do ponto de fusão

APARELHOS E PRODUTOS QUÍMICOS

Chemicals	Equipment and supplies	Instruments
• Naphthalene. • Water.	• Iron stand, Clamp, Thermometer, • Capillary tube, Thread, Wire gauze, • Beaker 250 ml, Gas burner, Pistol and mortar.	• Hot plate.

Quadro 1

PROCEDIMENTO

1. Colocar uma pequena quantidade de um determinado composto orgânico num almofariz e pilão e moer até obter um pó fino.
2. Pegue num tubo capilar e vede a sua extremidade com uma chama.
3. Transferir uma pequena quantidade do composto em pó para o tubo capilar (ou colocar o composto em pó diretamente no tubo de ensaio).
4. Colocar 150 ml de água num copo de 250 ml.
5. Ligar o tubo capilar a um termómetro com um fio.
6. Pendurar o termómetro + tubo capilar de modo a que a parte do tubo capilar que contém o composto mergulhe na água do copo.
7. Começar a aquecer a água e observar atentamente o composto no tubo capilar.

8. Assim que o composto começar a fundir, anote a temperatura, pare o aquecimento e registe na **Tabela-2** como Ti.
9. À medida que a água arrefece, o composto solidifica, assim que o sólido aparece, anote a temperatura como T2 na **Tabela-2.**
10. Repetir a experiência com outro tubo capilar.

QUADRO DE OBSERVAÇÃO

T_1	T_2	$T_1 + T_2 / 2$

Quadro 2

RESULTADO

O ponto de fusão de um determinado composto orgânico é =________.

TRABALHOS PÓS-LABORATORIAIS

A. Definir os seguintes termos:

1) Ponto de fusão:

____

____.

2) Temperatura:

____

____.

8. Converta a seguinte temperatura de Celsius para Fahrenheit e Kelvin:

No.	Temperature (^0C)	Fahrenheit (^0F)	Kelvin (K)
1.	50		
2.	55		
3.	100		
4.	150		
5.	250		

CAPÍTULO 3

SESSÃO DE LABORATÓRIO 3
SEPARAÇÃO DE UMA MISTURA DE TRÊS COMPONENTES CONTENDO UM SÓLIDO SUBLIME

OBJECTIVOS DA EXPERIÊNCIA

Após a conclusão desta experiência, os alunos serão capazes de

1. Compreender o termo mistura e os tipos de mistura.
2. Explicar a filtração, a sublimação e a evaporação.
3. Identificar o filtrado e o resíduo.

INTRODUÇÃO

Quando duas ou mais substâncias se combinam sem uma reação química, forma-se uma mistura.

As misturas podem ser divididas em dois tipos:

1) Homogenous mixture and 2) Heterogeneous mixture

Uma mistura com concentração uniforme e sem limites de separação é uma **mistura homogénea.**

Exemplos: Solução diluída de açúcar, sal, álcool e ar.

A mistura sem concentração uniforme e com componente/componentes visíveis é uma **mistura heterogénea.**

Exemplos: areia em água e solução açucarada com grande quantidade de açúcar. Para separar os componentes de uma mistura, pode ser utilizada qualquer propriedade física.

Nesta experiência, a propriedade física é a solubilidade em água, a sublimação e a evaporação **(Figura 4). Nesta experiência,** será utilizada uma mistura de **NaCl, areia e naftalina**.

O sal, que é o cloreto de sódio (NaCl), é solúvel em água destilada, mas a areia, que é o dióxido de silício (SiOz), também conhecido como sílica, e a naftalina não são solúveis em água destilada. Alguns sólidos são diretamente convertidos em vapores por aquecimento, sem passar ao estado líquido.

Estas substâncias são conhecidas como substâncias sublimadas e o processo de conversão de sólidos em vapores por aquecimento é conhecido como **sublimação.** A substância purificada através deste método é designada por **sublimado.** Nesta experiência, uma amostra de naftalina impura será purificada por **sublimação (Figura 3).**

Uma mistura binária contém dois componentes. O componente em maior quantidade é chamado solvente e o componente em menor quantidade é o soluto. Numa solução diluída de açúcar, a água é o solvente e o açúcar é o soluto. Uma mistura de concentração uniforme é conhecida como solução. **Uma solução pode ser gasosa, líquida ou sólida.**

Se uma mistura de sal e substâncias insolúveis for misturada com água, o sal dissolve-se, formando uma solução.

No entanto, as outras substâncias não se dissolvem. As substâncias insolúveis podem ser removidas por **Filtração (Figura 1).**

As partículas sólidas, que ficam no papel de filtro, são conhecidas como resíduo. A solução salina, que passa através do papel de filtro, é chamada de filtrado. Ao aquecer a solução salina, pode obter-se sal sólido puro, uma vez que a água é convertida em vapores por **evaporação (Figura 2).**

FIGURE 1: FILTRATION **FIGURE 2:** EVAPORATION **FIGURE 3:** SUBLIMATION

APARELHOS E PRODUTOS QUÍMICOS

Chemicals	Equipment and supplies	Instruments
• Sodium Chloride. • Sand (Silica). • Distilled water. • Naphthalene	• Iron stand and clamps. • Filter funnels. • Filter paper. • Spatulas. • Evaporating dishes. • Microscope slide. • Beakers. • Tripod.	•Hot plate. •Microscope.

Quadro 1

PROCEDIMENTO

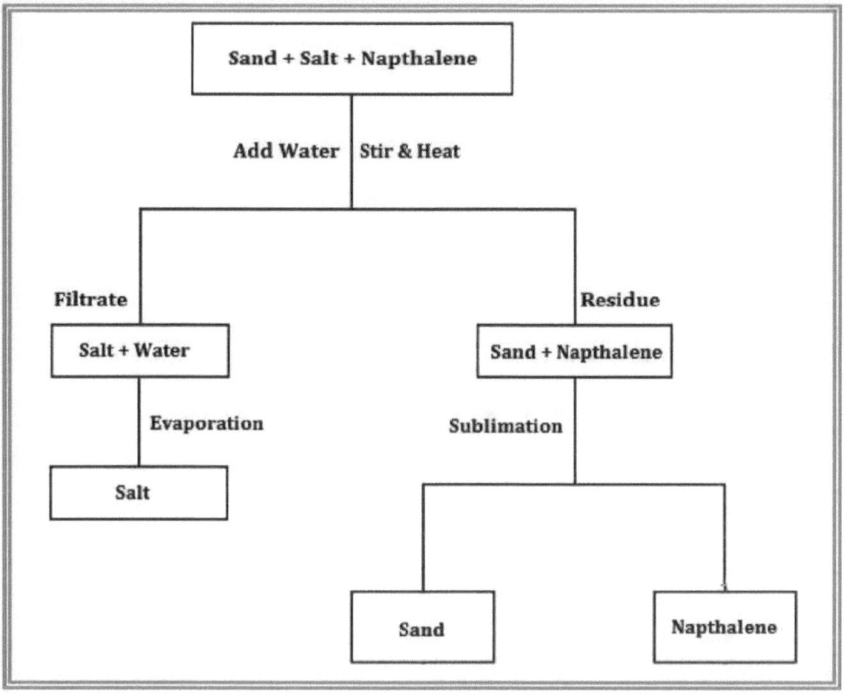

Figura 4: Fluxograma para a separação da mistura de três componentes

1. Transferir 2 a 3 espátulas da mistura para um copo de 250 ml.
2. Adicionar 50 ml de água destilada ao copo.
3. Colocar o copo numa placa de aquecimento e aquecer o conteúdo.
4. Filtrar o conteúdo e lavar os sólidos que ficaram no papel de filtro com um pouco de água destilada, recolher o filtrado num prato de evaporação.
5. Aquecer o prato numa placa de aquecimento até a solução quase ferver.
6. Quando mais de metade da solução tiver evaporado, deixar arrefecer.
7. Secar o resíduo e transferir para outro prato de evaporação.
8. Colocar um papel de filtro perfurado na placa e colocá-la num tripé ou numa placa de aquecimento.
9. Colocar um funil de filtragem invertido sobre a placa e iniciar o aquecimento.
10. Os vapores de naftaleno condensar-se-ão nas paredes internas do funil.
11. Recuperar o naftaleno do funil de filtração e a areia da cápsula.

RESULTADO

Os componentes de uma dada mistura contendo um sólido sublime foram separados utilizando os três métodos físicos abaixo indicados:

1) ______________________.

2) ______________________.

3) ______________________.

TRABALHOS PÓS-LABORATORIAIS

A. Definir os seguintes termos:

1) Mistura:

2) Mistura homogénea:

3) Mistura heterogénea:

4) Sublimação:

5) Evaporação:

B. Como vais separar as seguintes misturas de?

1) Óleo e água:

2) Álcool e água:

3) Areia e ferro:

4) Areia e água:

C: Escreva três exemplos de sólidos sublimes.

CAPÍTULO 4

SESSÃO DE LABORATÓRIO 4
PROPRIEDADES DOS COMPOSTOS IÓNICOS E COVALENTES

OBJECTIVO DA EXPERIÊNCIA

Após a conclusão desta experiência, os alunos serão capazes de

1. Compreender o termo compostos químicos.
2. Explicar os compostos iónicos e covalentes.
3. Distinguir entre compostos iónicos e covalentes.
4. Compreender o termo solubilidade.

INTRODUÇÃO

Os compostos químicos são a combinação de átomos unidos por ligações químicas. Estas ligações químicas são de dois tipos básicos - **iónicas** e **covalentes.**

As ligações iónicas formam-se quando um ou mais electrões de um átomo são transferidos para outro átomo **(Figura 1).**

Os átomos formam iões positivos e negativos que se atraem uns aos outros. Os compostos iónicos são compostos por um grande número de iões positivos (catiões) e iões negativos (aniões), de modo a que a quantidade de carga positiva seja igual à carga negativa.

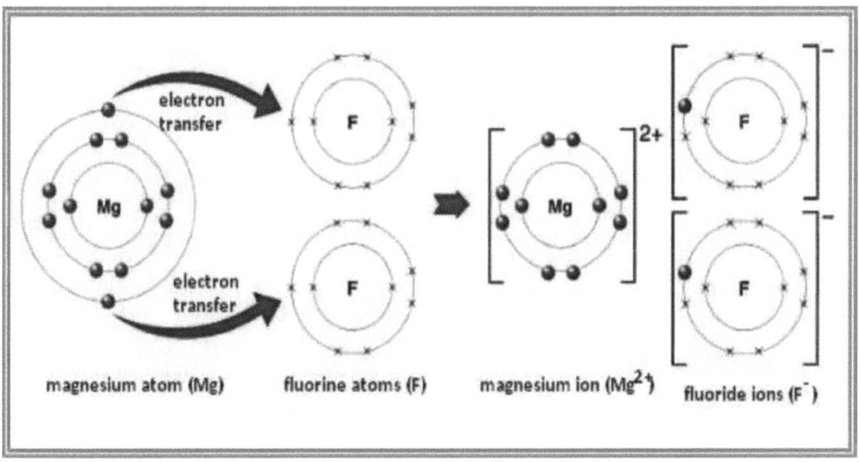

Figura 1: Ligação Iónica (MgFz) Fluoreto de Magnésio

Nas ligações covalentes, os electrões são partilhados entre dois átomos ligados **(Figura 2).** Uma molécula é um grupo de átomos que estão ligados entre si por ligações covalentes. Os compostos moleculares são constituídos por estas moléculas.

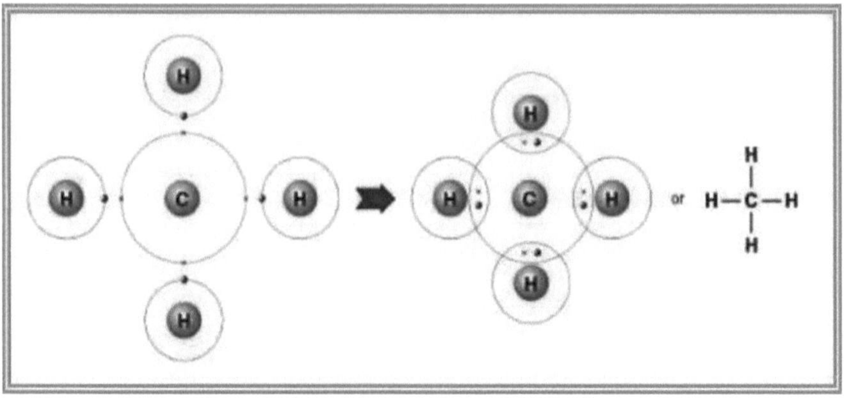

Figura 2: Ligação covalente (CH4) Metano

As propriedades físicas de uma substância, tais como o ponto de fusão, a solubilidade em água e a condutividade de uma solução dissolvida, dizem-nos muito sobre o tipo de partículas de um composto. Basicamente, os compostos iónicos dissolvem-se facilmente em água, mas são geralmente insolúveis em solventes orgânicos. Os compostos covalentes são facilmente solúveis em solventes orgânicos, mas são geralmente insolúveis em água. Nesta experiência, vamos utilizar a propriedade física solubilidade para determinar se os compostos dados são iónicos ou covalentes.

APARELHOS E PRODUTOS QUÍMICOS

Chemicals	Equipment and supplies	Instruments
• Sodium Chloride. • Iodine. • Stearic Acid. • Calcium Chloride. • Ethanol.	• Test tubes. • Glass rod. • Spatulas.	•Hot plate.

Quadro 1

PROCEDIMENTO

1. Coloque alguns cristais de cada um dos compostos indicados em quatro tubos de ensaio limpos e secos. Certifica-te de que sabes a ordem dos compostos, etiquetando-os nos tubos de ensaio.
2. Adicionar 10 gotas de água destilada a cada um dos quatro compostos. Agitar com uma vareta de vidro. É necessário observar os sólidos durante alguns minutos para determinar se se dissolvem ou não. Anota a observação no **quadro de observação-2.**
3. Repetir as etapas 1 e 2 utilizando os mesmos compostos nos quatro tubos de ensaio e adicionando 10 gotas de etanol. Anotar as observações no **quadro de observações-2.**

QUADRO DE OBSERVAÇÃO

Compound	Physical State	Solubility	
		Water	Ethanol
Sodium Chloride			
Iodine			
Stearic Acid			
Calcium Chloride			

Quadro 2

RESULTADO

A partir do quadro de observação, verifica-se que;

A. Os compostos iónicos são:

B. Os compostos covalentes são:

TRABALHOS PÓS-LABORATORIAIS

1. O que é uma ligação iónica?

____

2. O que é uma ligação covalente?

____

3. Os compostos iónicos são constituídos por que partículas?

____

4. Os compostos moleculares são constituídos por que partículas?

____

5. Que propriedade física é testada para cada composto nesta experiência laboratorial?

____

CAPÍTULO 5

SESSÃO DE LABORATÓRIO 5
ESTUDO DAS PROPRIEDADES FÍSICAS E QUÍMICAS DOS ELEMENTOS

OBJECTIVO DA EXPERIÊNCIA

Após a conclusão desta experiência, os alunos serão capazes de

1. Compreender a natureza dos elementos.
2. Descrever as propriedades físicas e químicas dos elementos.
3. Distinguir entre propriedades físicas e químicas.
4. Distinguir os metais dos outros elementos.

INTRODUÇÃO

Um elemento é uma substância que consiste em átomos com o mesmo número atómico. O número de protões/electrões num átomo de qualquer elemento é o número atómico desse elemento.

Os elementos existem nos estados sólido, líquido e gasoso. Todos os elementos têm propriedades físicas e químicas características.

Um exemplo de uma propriedade física é o **estado** do elemento. À temperatura ambiente, o elemento pode ser um sólido, um líquido ou um gás.

Se o elemento estiver no estado sólido, o seu **aspeto** também pode ser caraterístico. Por exemplo, os metais tendem a ser brilhantes, enquanto os não metais tendem a ser baços.

Os metais são **dúcteis,** o que significa que podem ser estirados para formar fios. Além disso, são bons condutores de calor e eletricidade.

As propriedades químicas dos elementos determinam a sua **reatividade.** Os elementos mais reactivos reagem com os gases, como o oxigénio e o dióxido de carbono, contidos na atmosfera.

Outros elementos reagem com a água à temperatura ambiente. Alguns elementos menos reactivos podem ser levados a reagir com a água por aquecimento. Em geral, a reatividade química aumenta com a temperatura.

Os elementos menos reactivos não reagem mesmo em ácido diluído. Nesta experiência, devem ser estudadas as propriedades físicas e químicas de alguns elementos como o **Cu, o Ca, o Mg, o I, o Fe** e o **Zn.**

APARELHOS E PRODUTOS QUÍMICOS

Chemicals	Equipment and supplies	Instruments
• Copper. • Calcium. • Iodine. • Iron. • Zinc. • Dilute HCl. • Distilled water.	• Watch glass. • Test tubes. • Test tube rack. • Magnifying glass. • Glass rod.	•Hot plate.

Quadro 1

PROCEDIMENTO

1. Colocar uma pequena quantidade de um elemento num vidro de relógio. Descreva e indique o seu estado e aspeto (propriedades físicas) na **Tabela-2.**
2. Colocar uma pequena quantidade do elemento num tubo de ensaio.
3. Adicionar algumas gotas de água destilada fria, se houver alguma alteração física, registar no **Quadro-2** e para alterações químicas utilizar **o Quadro-3.**
4. Repetir os testes acima mencionados com todos os elementos e elaborar um relatório.
5. Tomar uma pequena quantidade de cálcio e adicionar algumas gotas de água quente. Relate a sua observação.
6. Pegue numa pequena quantidade de cálcio e adicione algumas gotas de HC1 diluído e registe a sua observação no **Quadro 2** e no **Quadro 3.**
7. Repetir o teste acima com todos os restantes elementos.

QUADRO DE OBSERVAÇÃO

Tabela 2: Propriedades físicas dos elementos

Element	State	Appearance (physical property)
Calcium		
Copper		
Iodine		

Iron		
Magnesium		
Zinc		

Tabela 3: Propriedades químicas dos elementos

Element	REACTION WITH		
	Cold Water	Hot Water	Dilute Acid
Calcium			
Copper			
Iodine			
Iron			
Magnesium			

Zinc			

RESULTADO

A partir dos quadros de observação (1 e 2), escreva (em baixo) uma lista dos elementos por ordem de reatividade, começando pelo elemento mais reativo no topo da lista.

(Mais reativo) 1. ______________________

2. ______________________

3. ______________________

4. ______________________

5. ______________________

(Menos reativo) 6. ______________________

TRABALHOS PÓS-LABORATORIAIS

1) Os metais são maleáveis e dúcteis. O que é que quer dizer com maleável e dúctil?

2) Explicar as tendências de reatividade dos elementos ao longo dos grupos e ao longo do período da tabela periódica.

A) Descer os grupos:

B) Em todos os períodos:

3) Escreve o nome e o símbolo do metal e do não-metal que são líquidos à temperatura ambiente.

CAPÍTULO 6

SESSÃO LABORATORIAL 6
REACÇÃO DE DESLOCAMENTO: PREPARAÇÃO DE NITRATO DE COBRE (II)

OBJECTIVO DA EXPERIÊNCIA

Após a conclusão desta experiência, os alunos serão capazes de

1. Compreender a reação de substituição por deslocamento e os seus tipos.
2. Definir rendimento e percentagem de rendimento numa reação química.
3. Calcular a percentagem de erro numa reação química.

INTRODUÇÃO

A reação de deslocamento é uma reação química em que um elemento mais reativo desloca um elemento menos reativo do seu composto. Tanto os metais como os não metais participam nas reacções de deslocamento. Existem dois tipos de reacções de deslocamento.

1) **Reação de deslocamento único** e
2) **Reação de duplo deslocamento.**

Uma reação de deslocamento simples é uma reação em que um elemento é substituído por outro elemento num composto (A + BC → AC + B).

Exemplo: Mg + CuSCh → Cu + MgS04

Uma reação de duplo deslocamento é um tipo de reação química em que dois compostos reagem, e os iões positivos (catiões) e os iões negativos (aniões) dos dois reagentes trocam de lugar, formando dois novos compostos ou produtos (AB + CD - "AD + CB).

Exemplo: AgNOa + NaCl →AgCl + NaNOs

Nesta experiência, vamos preparar nitrato de cobre (II) a partir de óxido de cobre e ácido nítrico por reação de duplo deslocamento.

O cobre é um elemento de transição com uma valência variável. Forma iões Cu^{+} por perda de um eletrão ou iões Cu^{2+} por perda de dois electrões. O cobre é um metal vermelho/castanho de reatividade relativamente baixa. Não reage com ácido diluído a baixas temperaturas, uma vez que não pode deslocar o hidrogénio da solução. O nitrato de cobre (II) é, portanto, mais convenientemente preparado pela reação do ácido nítrico diluído com o óxido de cobre (II) em aquecimento.

CuO(s) + 2HNO3(aq) → Cu(NO3)2(s] + HzOfl)

APARELHOS E PRODUTOS QUÍMICOS

Chemicals	Equipment and supplies	Instruments
• Copper (II) oxide. • Dilute HNO_3. • Distilled water.	• Evaporation dish. • Glass rod. • Spatula. • Pair of tong.	• Balance. • Hotplate.

Quadro 1

PROCEDIMENTO

1. Pesar com exatidão uma massa conhecida de óxido de cobre (II) negro (cerca de 0-5 g) num prato de evaporação.
    a. **Massa de Prato + CuO = _______ g**
    b. **Massa do prato = _______ g**
    c. **Massa de CuO = _______ g**
2. Adicionar 15 ml de ácido nítrico diluído e aquecer suavemente.
3. Observar eventuais alterações. **(Observação 1).** Registe-as na secção de observação.
4. Aquecer cuidadosamente a solução até que todo o sólido se dissolva.
5. Evaporar o solvente até um pequeno volume.
6. Deixe a solução arrefecer e observe quaisquer alterações. **(Observação 2)** Registe-as na secção Resultados.
7. Deixar secar e arrefecer os cristais. Pesar os cristais e o prato de evaporação.

OBSERVAÇÃO

a. **Observação 1:**
b. **Observação 2:**

CÁLCULO

a. **Massa do prato + cristais = ______ g**
b. **Massa do prato = ______ g**
c. **Massa dos cristais (Yield) = ______ g**
d. **(%) Percentagem de rendimento** $= \frac{\text{Actual Yield}}{\text{Theoretical Yield}} \times 100$

= _______ %

RESULTADO

1. **A massa (Yield) do CufNOsh é = _______ g.**
2. **O rendimento percentual de Cu(NOa)2 é = _______ %.**

TRABALHOS PÓS-LABORATORIAIS

A. Definir os seguintes termos:

1) Rendimento:

2) Rendimento percentual:

B. Complete e faça o balanço das seguintes reacções de duplo deslocamento:

1. KBr	+	$AgNO_3$	⇨	________	+	________
2. KI	+	$AgNO_3$	⇨	________	+	________
3. HCl	+	$NaOH$	⇨	________	+	________
4. K_2SO_4	+	$BaCl_2$	⇨	________	+	________
5. $Pb(NO_3)_2$	+	KI	⇨	________	+	________

CAPÍTULO 7

SESSÃO DE LABORATÓRIO 7
REACÇÕES QUÍMICAS DE METAIS COM COMPOSTOS DE OUTROS METAIS

OBJECTIVO DA EXPERIÊNCIA

Após a conclusão desta experiência, os alunos serão capazes de

1. Conhecer as substâncias metálicas e não metálicas.
2. Compreender as séries de reatividade.
3. Descrever as reacções de oxidação e redução.
4. Utilizar séries de reatividade/eletroquímica.

INTRODUÇÃO

A reação entre um metal, A, e um sal metálico, BX, pode ser escrita da seguinte forma

$$A + BX \rightarrow AX + B$$

$$\text{OR } A + B^{+} X^{-} \rightarrow A^{+} X^{-} + B$$

Nesta reação, o metal A está na forma **atómica**, enquanto que o metal B está na forma de sal metálico.

O metal B está na forma **iónica** com carga positiva, B^{+}. Exemplos: Metais como Na^{+} ou K^{+}, ou B^4 ", Ca^+ ou Mg^+ etc. Na reação, os electrões são transferidos do metal A para o metal B.

Esta propriedade é conhecida como **oxidação.** O metal B, ao ganhar electrões, sofre uma reação de **redução**. O metal A é oxidado e o B é reduzido. Note-se que um novo metal, B, e um sal metálico, AX, são formados na reação.

Pode dizer-se que o metal A **desloca o** metal B do sal, BX. Um metal só pode deslocar outro metal de um sal se for **mais reativo** do que o metal presente no sal. Para saber se um metal é mais reativo, pode-se realizar uma reação de deslocamento, caso a reação ocorra o metal em teste será mais reativo, caso contrário será **menos reativo**. Na reação acima referida, o metal A é mais reativo do que o metal B.

Repetindo este tipo de reação com muitos metais e sais metálicos diferentes, é possível fazer uma lista de metais por ordem da sua reatividade. Esta lista é designada por **série de reatividade.** É também conhecida como uma **série eletroquímica (Figura 1).**

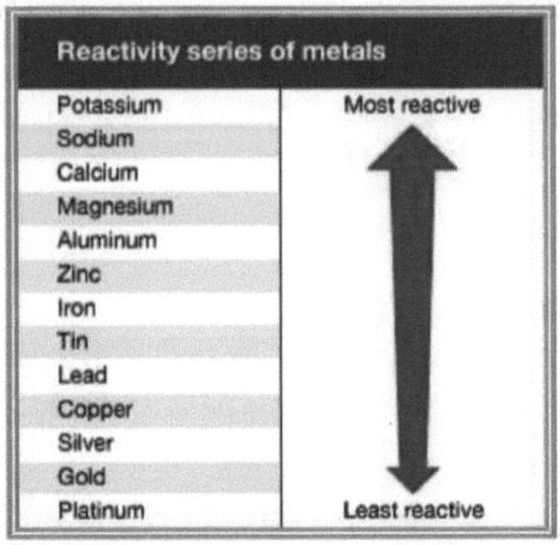

Figura 1: Série de reatividade

APARELHOS E PRODUTOS QUÍMICOS

Chemicals	Equipment and supplies
• Zinc metal. • Copper metal. • Magnesium Metal. • $CuSO_4$ solution. • $ZnSO_4$ solution. • $Mg(NO_3)_2$ solution. • $AgNO_3$ solution.	• Spotting tile. • Disposable pipettes. • Wash bottle. • Tissue paper. • Glass rod.

Quadro 1

PROCEDIMENTO

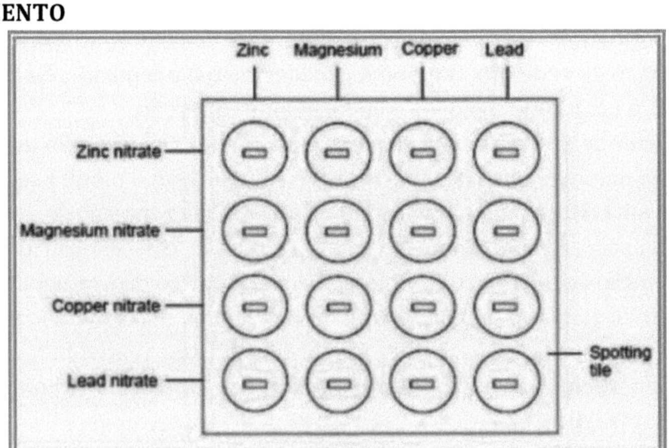

Figura 2

1. Utilizar o azulejo de manchas, como indicado na **Figura 2.**
2. **Colocar algumas peças de zinco em cada orifício da primeira coluna do mosaico, algumas peças de magnésio em cada orifício da segunda coluna do mosaico e algumas peças de cobre em cada orifício da terceira coluna do mosaico.**
3. **Com uma pipeta descartável, colocar cerca de 1 ml de cada uma das quatro soluções de sais metálicos num dos orifícios que contêm cobre.**
4. **Repetir a etapa 3, desta vez adicionando as soluções aos orifícios que contêm magnésio.**
5. **Repetir novamente o passo 3, desta vez adicionando as soluções aos orifícios que contêm zinco.**
6. **Após cada adição das quatro soluções de sais metálicos a um metal, registe o que vê (observação), na Tabela-2, tendo o cuidado de escrever tudo o que vê. Se não houver qualquer reação, escreva "NR".**

QUADRO DE OBSERVAÇÃO

No quadro abaixo, selecciona a caixa correspondente ao metal e ao sal metálico em cada orifício do azulejo e regista as tuas observações, da **forma mais completa possível.**

Metal/ Salt Solution		Copper	Magnesium	Zinc
Copper Sulphate	Obs.			
	Rxn			
Magnesium Nitrate	Obs.			
	Rxn			
Silver Nitrate	Obs.			
	Rxn			
Zinc Sulphate	Obs.			
	Rxn			

Obs. = Observação **Rxn** = Reação ou equação química

Quadro 2

RESULTADO

Utilizando as suas observações da **Tabela-2,** coloque os metais por ordem de reatividade, com o *mais reativo* no topo da lista.

1. ____________________

2. ____________________

3. ____________________

TRABALHOS PÓS-LABORATORIAIS

1) Indicar quatro propriedades dos metais.

2) O que acontece quando o metal reage com ácidos?

3) O que acontece quando o ácido reage com carbonatos metálicos?

4) Definir os seguintes termos:

a) Oxidação:

b) Redução:

c) Sal:

CAPÍTULO 8

SESSÃO DE LABORATÓRIO 8
MEDIÇÃO DO pH DAS SOLUÇÕES ATRAVÉS DE DIFERENTES INDICADORES DE pH

OBJECTIVO DA EXPERIÊNCIA

Após a conclusão desta experiência, os alunos serão capazes de

1. Compreender o que é um ácido e uma base.
2. Compreender o pH e o indicador.
3. Indicar os diferentes indicadores utilizados na análise química.
4. Explicar o papel do pH na saúde humana.
5. Calcular o valor do pH de uma solução ácida ou básica de concentração conhecida.

INTRODUÇÃO

O pH é uma medida da concentração de iões de hidrogénio de uma solução. As soluções com uma elevada concentração de iões de hidrogénio têm um pH baixo e as soluções com baixas concentrações de iões H^+ têm um pH elevado. A equação que define o pH é dada da seguinte forma:

pH=-log[H^+] concentração,

O que se lê como o pH é igual ao logaritmo negativo da concentração de H^+ . A escala de pH mede o grau de acidez ou basicidade de uma solução. A escala de pH varia de 0 a 14 **(Figura 1).** Um pH de 7 é neutro. Um pH inferior a 7 é ácido. Um pH superior a 7 é básico.

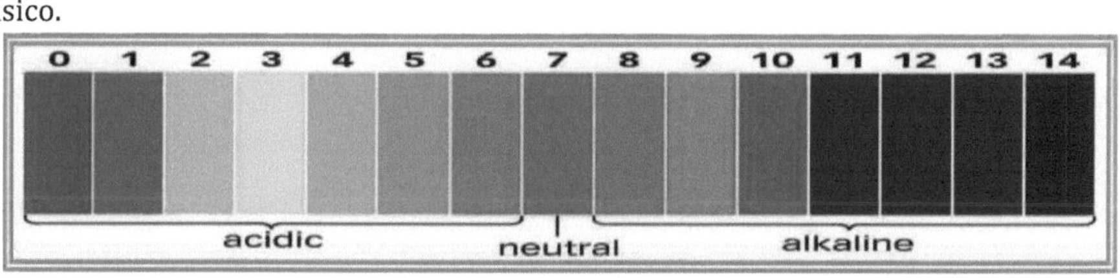

Figura 1: A escala de pH

A água pura é neutra. Mas quando os produtos químicos são misturados com água, a mistura pode tornar-se ácida ou básica. Exemplos de substâncias ácidas são o vinagre e o sumo de limão. A lixívia, o leite de magnésia e o amoníaco são exemplos de substâncias básicas.

O pH do estômago *pode* variar entre 1,5 e 3,5 na escala de pH. No entanto, este facto não tem qualquer influência no pH do nosso corpo, ou mais especificamente, do nosso sangue. O sangue humano tem um valor de pH sempre ligeiramente alcalino, entre 7,35 e 7,45. O que comemos *pode afetar* o pH da nossa urina. O pH da urina tem um valor médio de cerca de 6, mas pode variar entre 4,5 e 8.

Um indicador é uma substância que muda de cor quando adicionada a soluções de pH diferente. Por conseguinte, é útil para detetar a natureza ácida e básica das soluções. A tabela seguinte mostra alguns exemplos de indicadores com as respectivas mudanças de cor em soluções ácidas e alcalinas.

Indicator	Original colour	Colour in Acids	Colour in Bases
Red Litmus	Red	Red	Blue
Blue Litmus	Blue	Red	Blue
Methyl Orange	Orange	Red	Yellow
Bromothymol blue	Bluish Green	Yellow	Blue

Quadro 1: Indicadores

Um **indicador universal** é um indicador de pH constituído por uma solução de vários compostos que apresenta várias mudanças de cor suaves numa gama de valores de pH de 1 a 14 para indicar a acidez ou alcalinidade das soluções.

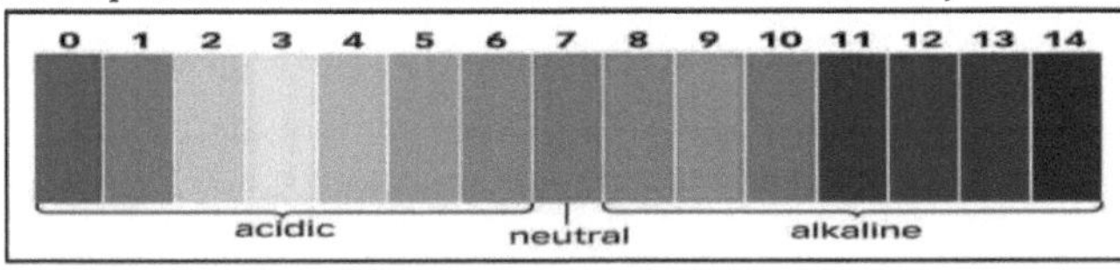

APARELHOS E PRODUTOS QUÍMICOS

Solutions	Equipment and supplies	Indicators
• Dilute HCl 1 M.	•Test tubes.	• Red litmus paper.
• Dilute NH_4OH 1 M.	•Test tube rack.	• Blue litmus paper.
• CH_3COOH 1 M.	•Glass rod.	• Methyl orange.
• Distilled water.	•Disposable droppers.	• Bromothymol blue.
• Tap water.	•pH colours scheme.	• Universal.
• Dilute NaOH 1 M.	•Tissue paper.	

Quadro 2

PROCEDIMENTO

1. Transferir 1 ml de cada solução para três tubos de ensaio.
2. Pegue numa vareta de vidro; mergulhe-a na solução e coloque uma gota em papel de tornassol vermelho e registe as observações na **Tabela-3.**
3. Limpar a vareta de vidro e repetir o passo 2 com papel de tornassol azul.
4. Adicionar duas gotas de alaranjado de metilo na primeira fila de tubos de ensaio. Comparar as cores apresentadas com o esquema de cores padrão e registar o pH de cada solução na **Tabela-3.**
5. Repetir a etapa 4, adicionando azul de bromotimol à segunda fila.

6. Adicionar o indicador universal à terceira fila de tubos de ensaio e registar o pH na **Tabela-3.**

QUADRO DE OBSERVAÇÃO

Solution	Red litmus	Blue litmus	Methyl orange	Bromothymol blue	Universal
Hydrochloric acid					
Sodium hydroxide					
Distilled water					
Ammonia solution					
Tap water					
Vinegar					

Quadro 3

RESULTADO

Decida o pH de cada uma das soluções de teste a partir da tabela de observação e escreva as soluções por ordem **crescente de** pH.

1. ____________________ 5. ____________________

2. ____________________ 6. ____________________

3. ____________________ 7. ____________________

4. ____________________ 8. ____________________

TRABALHOS PÓS-LABORATORIAIS

1) Escreva quatro exemplos de ácidos.

2) Escreva quatro exemplos de bases.

3) Definir os seguintes termos:

a) Ácido:

b) Base:

c) Sal:

d] Indicador:

CAPÍTULO 9

SESSÃO DE LABORATÓRIO 9
PREPARAÇÃO DE UMA SOLUÇÃO PADRÃO

OBJECTIVO DA EXPERIÊNCIA

Após a conclusão desta experiência, os alunos serão capazes de

1. Compreender a solução e os seus tipos.
2. Recorrer a soluções que existem em todas as formas de matéria.
3. Diferenciar solução homogénea e heterogénea.
4. Compreender e alistar unidades de concentração.
5. Compreender e explicar a molaridade.

INTRODUÇÃO

Uma solução é uma mistura homogénea de dois ou mais componentes. Uma solução com dois componentes é uma solução binária. O componente que se encontra em maior quantidade é designado por solvente e o que se encontra em menor quantidade é o soluto.

Por exemplo: Numa solução diluída de açúcar, a água é o solvente e o açúcar é o soluto. As soluções existem no estado sólido, líquido e gasoso. O latão e o aço inoxidável são sólidos, a Pepsi cola, a solução salina, etc. são líquidos e o ar é uma solução gasosa.

Existem dois tipos de soluções.

- **Solução homogénea**
- **Solução heterogénea**

A solução com uma concentração uniforme e sem nenhum componente distintamente visível na solução é uma **solução homogénea.**

A solução em que a concentração não é uniforme e em que um ou mais componentes são visíveis na solução é designada por **solução heterogénea.**

A quantidade de soluto numa unidade de volume (geralmente um litro) de solução é a concentração da solução. Existem várias unidades de concentração, por exemplo, percentagem em peso, percentagem em volume, normalidade, molaridade, molalidade e fração molar. Nesta experiência, será abordada a molaridade (M). O grama-mol do soluto num litro de solução é conhecido como Molaridade. Em química, [ ] é utilizado para a concentração em moles por litro.

$$\text{Gram Mole} = \frac{\text{Mass of a substance}}{\text{Molar mass of the substance}}$$

E

$$\text{Molarity} = \frac{\text{Gram moles of solute}}{\text{Litres of solution}}$$

OU

$$\text{Molarity} = \frac{\text{Mass of solute / Molar mass of solute}}{\text{Volume of solution in litres}}$$

Mass of solute = Molarity x Molar mass of solute x litres of solution

Uma solução com uma concentração 1 M é conhecida como solução molar. Uma solução cuja concentração é conhecida é uma solução padrão.

APARELHOS E PRODUTOS QUÍMICOS

Chemicals	Equipment and supplies	Instrument
• Sodium chloride. • Sodium carbonate.	• Beakers 250 ml. • Measuring flasks 100 ml. • Watch glass. • Glass rod. • Filter funnel. • Wash bottle. • Disposable pippets.	• Balance

Quadro 1

PROCEDIMENTO

Para preparar:

- Solução 0,5 M de 100 ml de NaCl e
- Solução de 100 ml de NazCOz 0,1 M.
- Massa de NaCl necessária = Molaridade x Massa molar x litros de solução
- Massa de NazCOz = Molaridade x Massa molar x litros de solução

#	Salt	Molarity	Molar mass of the Salt	Volume in Litre	Mass of the Salt required
1)	**NaCl**				
2)	**Na_2CO_3**				

Quadro 2

1) Pegue num vidro de relógio e descubra a sua massa.
2) Transferir um pouco de cloreto de sódio (NaCl) para um vidro de relógio e pesar a quantidade necessária, tal como calculado na **Tabela-2.**
3) Colocar 30 ml de água destilada num copo.
4) Dissolver o cloreto de sódio nesta água.
5) Transferir esta solução para um balão de medição de 100 ml, utilizando um funil de filtração.
6) Adicionar ao balão água suficiente para que a solução atinja a marca de 100 ml

no gargalo do balão.

7) Colocar a rolha no frasco e agitar bem, a solução necessária está pronta.
8) Repetir todos os passos anteriores utilizando carbonato de sódio como soluto.

RESULTADO

1. A massa de NaCl necessária é =g.
2. A massa de NazCCh necessária é =g.

TRABALHOS PÓS-LABORATORIAIS

1. Definir os seguintes termos:

a) Molaridade:

b) Solução Molar:

c) Solução homogénea: d) Solução heterogénea:

2. Complete a tabela abaixo calculando a massa de sal necessária para fazer as soluções.

#	Salt	Molarity	Molar mass of the Salt	Volume in Litre	Mass of the Salt required
1)	NaOH				
2)	$NaHCO_3$				

CAPÍTULO 10

SESSÃO DE LABORATÓRIO 10
PREPARAÇÃO E DETERMINAÇÃO DO PH DE SOLUÇÕES SALINAS UTILIZANDO UM INDICADOR UNIVERSAL E UM MEDIDOR DE PH

OBJECTIVO DA EXPERIÊNCIA

Após a conclusão desta experiência, os alunos serão capazes de

1. Compreender a reação de neutralização.
2. Identificar ácidos e bases fortes/fracos.
3. Explicar a natureza ácida/básica dos sais.
4. Análise comparativa do pH com indicadores e medidor de pH. **INTRODUÇÃO**

Quando um ácido reage com uma base, forma-se um sal. Esta reação é designada por reação de neutralização.

ÁCIDO + BASE → SAL + ÁGUA

Os ácidos são substâncias que se dividem em hidrogénio e outro ião numa solução aquosa. Os ácidos que se dissociam até 100 por cento são ácidos fortes. Por exemplo: HC1 (ácido clorídrico), HNO3 (ácido nítrico) e H2SO4 (ácido sulfúrico).

Os ácidos que se dissociam em menor grau são designados por ácidos fracos. Por exemplo: H2CO3 (ácido carbónico) e CH3COOH (ácido acético).

Da mesma forma, as bases que se dissociam até 100 por cento são bases fortes, por exemplo: NaOH, LiOH, KOH e Ca(OH)2 e as que se dissociam em menor grau são bases fracas, por exemplo: NH4OH e Al(OH)3.

Quando um ácido forte reage com uma base forte ou um ácido fraco reage com uma base fraca, o sal obtido é um sal neutro, ou seja, a sua solução tem pH 7.

Ácido forte + Base forte → Sal neutro + Água

$HCl(aq) + NaOH(aq) \rightarrow NaCl(aq) + H_2\,O(1)$

$H_2\,SO_4\,(aq) + 2NaOH(aq) \rightarrow Na_2\,SO_4\,(aq) + 2H\,O_2$

Quando um ácido forte e uma base fraca reagem, o sal obtido é um sal ácido, ou seja, a solução desse sal apresenta um pH na gama ácida (0 a 7).

Ácido forte + Base fraca → Sal ácido + água

$HCl(aq) + NH_4\,OH(aq) \rightarrow NH_4\,Cl(aq) + HzO(l)$

O NH4CI, quando dissolvido em água, produz iões $NH4^{+1}$ e Cl^{1} . O ião amónio reage então com uma molécula de água para dar amoníaco e um ião hidrónio $H\,O_3^{+1}$ que se comporta como ião H^{+1} . Verifica-se um aumento dos iões de hidrogénio, pelo que a solução de cloreto de amónio apresenta uma natureza ácida.

Um ácido fraco reage com uma base forte para produzir um sal básico, a solução do sal apresenta um pH no intervalo básico (7 a 14).

Ácido fraco + Base forte → Sal básico + Água

$H_2\,CO_3\,(aq) + 2NaOH(aq) \rightarrow Na_2\,CO_3\,(aq) + 2H_2\,O(1)$

O carbonato de sódio, quando dissolvido em água, produz iões de sódio e de carbonato. O ião carbonato reage com a água para produzir iões $HCO3^1$ e OH^1 . A existência do ião hidroxilo torna uma solução básica, razão pela qual a solução de carbonato de sódio apresenta um pH básico (7 a 14).

APARELHOS E PRODUTOS QUÍMICOS

Chemicals	Equipment and supplies	Instruments
• Ammonium chloride. • Calcium chloride. • Sodium acetate. • Sodium chloride. • Sodium carbonate. • Distilled water. • Universal indicator.	• Watch glass. • Beakers, 100 ml. • Volumetric flask 50 ml. • Test tubes. • Test tube rack. • Wash bottle. • Filter funnel.	• Balance. • pH meter.

Quadro 1

PROCEDIMENTO

1. Escolha os quatro sais dados e calcule as suas massas utilizando a seguinte equação para uma solução de 50 ml de concentração 0,25 M e registe na Tabela-2.

Massa = Molaridade x Massa molar x Volume da solução em litros

#	Salt	Mass to be taken
1.	Ammonium chloride.	g.
2.	Calcium chloride.	g.
3.	Sodium acetate.	g.
4.	Sodium chloride.	g.

Quadro 2

2. Com um vidro de relógio, obter a massa do sal número 1.
3. Transferir o sal para um copo e dissolvê-lo em 20 ml de água.
4. Tomar um balão de medição/volumétrico de 50 ml.
5. Transferir a solução do copo para o balão com um funil de filtração.
6. Adicionar água suficiente para elevar o nível da solução até à marca indicada no gargalo do balão.
7. Colocar a rolha no frasco e agitar bem.
8. Repetir o procedimento acima mencionado para preparar outras soluções.
9. Tomar 1 ml de cada solução e adicionar uma gota de indicador universal.
10. Determinar o pH da solução comparando a sua cor com o esquema de cores fornecido no laboratório.

11. Colocar uma solução num copo e medir o pH da mesma solução com um medidor de pH. Registar ambos os valores na **Tabela-3.**
12. Repetir o mesmo para as outras soluções e registar os valores de pH.

QUADRO DE OBSERVAÇÃO

#	Salt name	Salt formula	pH using indicator	pH using pH meter	A, B, or N?*	Acid and Base used in preparation of the salt
1.	Ammonium chloride.					
2.	Calcium chloride.					
3.	Sodium acetate.					
4.	Sodium chloride.					

* A = ácido; B = básico; N = neutro

Quadro 3

RESULTADO

A. Os sais neutros são:

B. Os sais ácidos são:

C. Os sais básicos são:

TRABALHOS PÓS-LABORATORIAIS

1) Definir os seguintes termos:

a) Reação de neutralização:

b) Ácido forte:

c) Ácido fraco:

d) Base forte:

e) Base fraca:

2) Dê dois (02) exemplos para cada um dos termos a seguir:

a) Ácidos fortes:

b) Ácidos fracos:

c) Bases fortes:

d) Bases fracas:

CAPÍTULO 11

SESSÃO DE LABORATÓRIO 11
DETERMINAÇÃO DA CONCENTRAÇÃO DE UMA DADA SOLUÇÃO DE HC1

OBJECTIVO DA EXPERIÊNCIA

Após a conclusão desta experiência, os alunos serão capazes de

1. Compreender o termo normalização.
2. Definir análise volumétrica.
3. Enumerar os tipos de titulações.
4. Explicar a reação química entre ácido e base.
5. Calcular a molaridade, a massa de uma substância numa solução, o volume de solução ácido/base necessário para uma reação.

INTRODUÇÃO

O ácido clorídrico (HC1) é um ácido forte que se dissocia até 100% numa solução aquosa. Para determinar a sua concentração, é necessária uma solução padrão de uma base forte, como o NaOH (hidróxido de sódio). A quantidade de uma substância presente num litro de solução é a concentração. Uma unidade de concentração frequentemente utilizada é a Molaridade, que já foi discutida nas experiências anteriores 9 e 10.

A concentração molar, ou seja, Moles/Litro, é geralmente indicada por [ ], por exemplo $[H^{+1}]$ significa a concentração molar de iões de hidrogénio. Uma solução com uma concentração de 1 M é conhecida como uma solução molar.

Nesta experiência, a concentração de HC1 deve ser determinada utilizando uma técnica chamada titulação. A titulação é uma técnica laboratorial através da qual podemos determinar a concentração de um reagente desconhecido utilizando uma concentração padrão de outro reagente que reage quimicamente com o desconhecido. Esta solução padrão é designada por "titulante".

Temos de ter alguma forma de determinar quando é que a reação vai terminar. Isto é referido como o "ponto final" ou, mais tecnicamente, o ponto de equivalência. Nesse ponto, todo o desconhecido reagiu com o titulante padrão, o que é demonstrado por algum tipo de indicador químico. Um indicador químico é um composto que muda de cor para indicar que o ponto final de uma titulação foi atingido. Esta fase é também conhecida como ponto de equivalência. A cor de um indicador muda porque é afetada pelas concentrações de iões na solução.

Existem vários tipos de titulações que incluem:

1. **Titulação ÁCIDO-BASE:** É o tipo de titulação em que ocorre a reação de neutralização.
2. **Titulação REDOX (Oxidação - Redução):** É o tipo de titulação em que ocorre a reação de oxidação e redução.

3. **Titulação de PRECIPITAÇÃO:** É o tipo de titulação em que os produtos aparecem como precipitados.

A titulação ácido-base será utilizada para determinar a concentração da solução de HC1. Esta técnica requer uma solução padrão de uma base forte (NaOH) e fenolftaleína como indicador. A reação entre os dois é representada da seguinte forma.

$$HCl_{(aq)} + NaOH_{(aq)} \rightarrow NaCl_{(aq)} + H_2O_{(aq)}$$

Há quatro variáveis a utilizar no cálculo da concentração de HC1. **V_B** (volume da solução de NaOH utilizada), **M_B** (molaridade da solução de NaOH), VA (volume da solução de HC1 utilizada) e **M_A** (molaridade da solução de HC1). A equação de equivalência pode ser escrita como:

$$V_A \times M_A = V_B \times M_B$$

APARELHOS E PRODUTOS QUÍMICOS

Chemicals	Equipment and supplies	Instruments
• NaOH 0.1 M. • HCl solution of unknown concentration. • Phenolphthalein. • Distilled water.	• Iron stand. • White tile or paper. • Beakers 100ml, 250 ml. • Conical flask. • Burette. • Pipette. • Common funnel. • Dropper. • Watch glass.	• Balance.

Quadro 1

a. Tomar sempre a solução ácida numa bureta, mostrada em

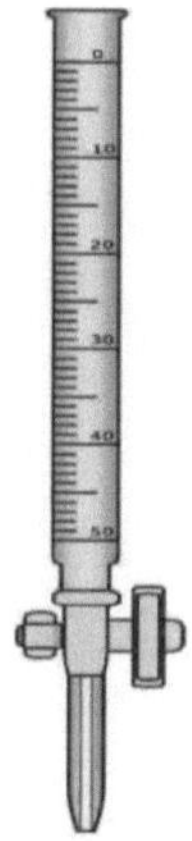

Figura.l

b. Utilizar uma pipeta [Figura. 2] para transferir uma solução de volume fixo para um frasco cónico.

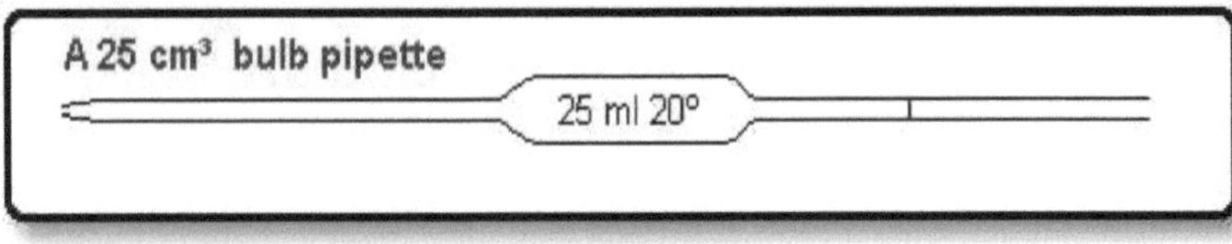

Figura. 2

c. Anotar sempre o volume utilizado da bureta, seguir a Figura. 3 para anotar a leitura correcta na bureta.

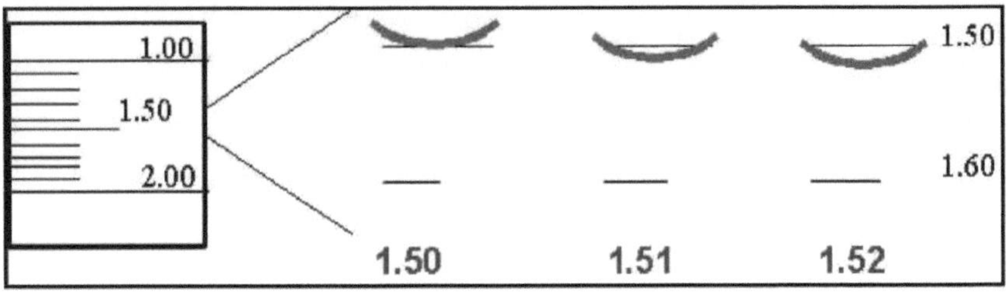

Figura. 3

PROCEDIMENTO

1. Transferir cuidadosamente a solução de HC1 para a bureta.
2. Pipetar 20 ml de solução de NaOH e deitar no erlenmeyer.
3. Adicionar uma gota de indicador de fenolftaleína a esta solução.
4. Anotar a leitura inicial na bureta e registar na **Tabela-2.**
5. Transferir a solução de HC1 da bureta para a solução de NaOH no frasco cónico.
6. Fechar a rolha da bureta no ponto final (quando a cor rosa claro da solução de NaOH desaparecer).
7. Anotar a leitura final na bureta e registar na **Tabela-2.**
8. Efetuar pelo menos 3 titulações e registar na **Tabela-2.**

QUADRO DE OBSERVAÇÃO

#	Initial reading on burette (mL)	Final reading on burette (mL)	Volume of HCl used (mL)
1.			
2.			
3.			
	Mean		

Quadro 2

CÁLCULOS

1. Volume da solução de NaOH utilizada = V_B =
2. Molaridade da solução de NaOH = M_B =

3. Volume da solução de HC1 utilizada = = V_A

4. Molaridade da solução de HC1 = M_A =?

Concentração da solução de HC1 = = $M_A = \frac{V_B \times M_B}{V_A}$

RESULTADO

A concentração de uma solução desconhecida de HC1 é =

CAPÍTULO 12

SESSÃO DE LABORATÓRIO 12 PARA ESTUDAR MODELOS MOLECULARES DE HIDROCARBONETOS

OBJECTIVO DA EXPERIÊNCIA

Após a conclusão desta experiência, os alunos serão capazes de

1. Compreender os compostos orgânicos.
2. Diferenciar compostos inorgânicos e orgânicos.
3. Conhecer os hidrocarbonetos.
4. Classificar os compostos orgânicos.
5. Preparar modelos de hidrocarbonetos simples.

INTRODUÇÃO

Os compostos químicos que contêm carbono são designados por compostos orgânicos, com exceção do $CO3^{2}$ (Carbonatos), $HCOa^{-1}$ (Bicarbonatos), H2CO3 (Ácido carbónico), CS2 (Dissulfureto de carbono), CO (Monóxido de carbono) e CO2 (Dióxido de carbono), porque as suas propriedades se assemelham às dos compostos inorgânicos. Os compostos orgânicos encontram-se nos animais, nas plantas e nos óleos minerais. Os hidrocarbonetos são os compostos orgânicos que contêm apenas carbono e hidrogénio. Ocorrem em abundância na natureza, especialmente no petróleo (crude) e no gás natural. Estão divididos em seis séries:

- **Alcanos**
- **Cicloalcanos**
- **Alcenos**
- **Cicloalceno**
- **Alcinos**
- **Compostos aromáticos**

São classificados da seguinte forma:

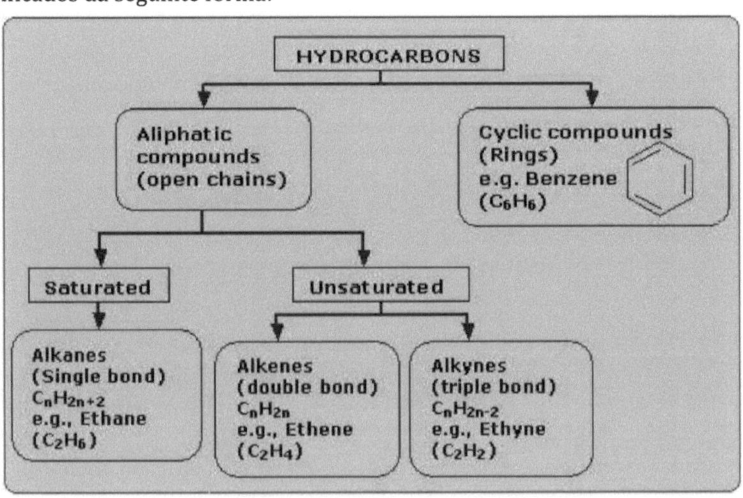

APARELHOS/ REQUISITOS

Equipment and materials
Molecular modelling kit

Quadro 1

PROCEDIMENTO

Complete a **Tabela-2** dos resultados abaixo preenchendo os espaços necessários mencionados na legenda e construa um modelo para cada composto.

RESULTADOS

S.N	Molecular formula	Structural formula	Name	Series
1	C_3H_8			
2			2-methylbutane	
3	C_5H_{12} (isomer 1)			
4	C_5H_{12} (isomer 2)			
5	C_5H_{10}			Cycloalkane
6			Ethene	
7	C_4H_8 (isomer 1)			
8	C_4H_8 (isomer 2)			
9			Cyclopentene	
10		$CH \equiv C- CH_2 - CH_3$		

11	C_6H_6			
12		$C_6H_5\text{-}CH_3$		

MIX
Papier aus verantwortungsvollen Quellen
Paper from responsible sources
FSC® C105338

Printed by Books on Demand GmbH, Norderstedt / Germany